www.ingramcontent.com/pod-product-compliance
Lightning Source LLC
Chambersburg PA
CBHW022311240326
41458CB00164BA/821